Nachspuren und schwingen

1

2

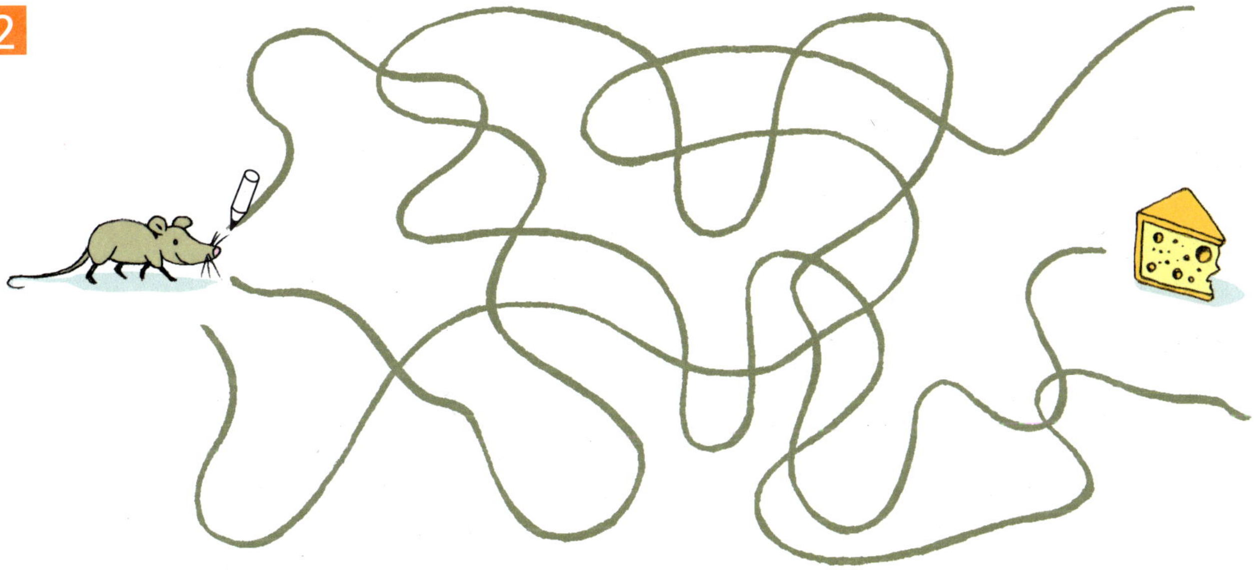

3

1 Den Weg durch das Labyrinth zur Maus finden.
2 Der richtigen Schnur zum Käse folgen und nachspuren.
3 Die Spur des roten Autos mehrmals nachfahren.

Malen und Schneiden

1

2

3

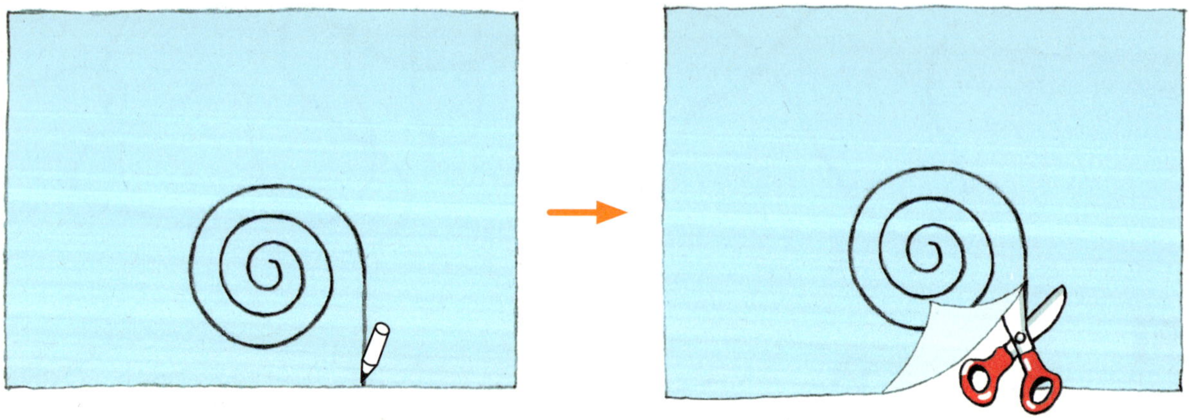

4

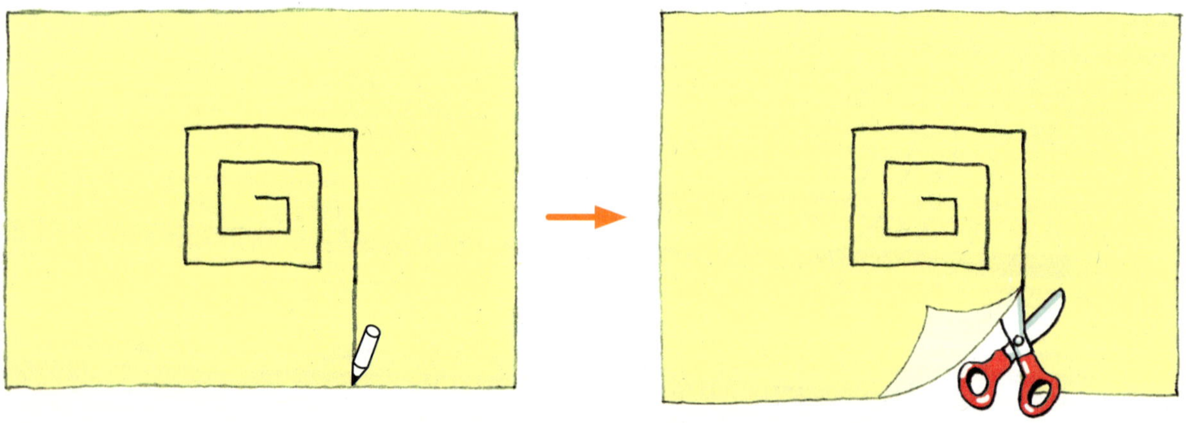

1–4 Vorgegebene Muster auf ein Blatt Papier zeichnen, anschließend ausschneiden.

1

2

3

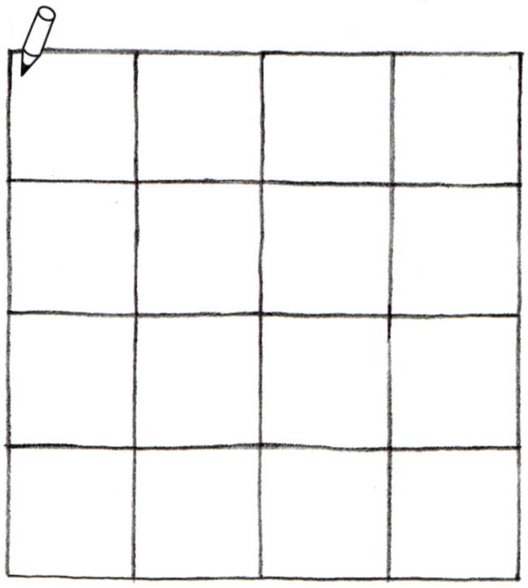

4

1 Verschiedene Muster mit Zetteln, Plättchen oder Ähnlichem legen.
2 Vorgegebenes Muster vervollständigen. **3** Eigenes Muster erfinden.
4 Zirkus bunt ausmalen.

Tiere entdecken

1

1 10 Urwaldtiere suchen und farbig kennzeichnen (ausmalen, einkreisen oder nachspuren).

1

2

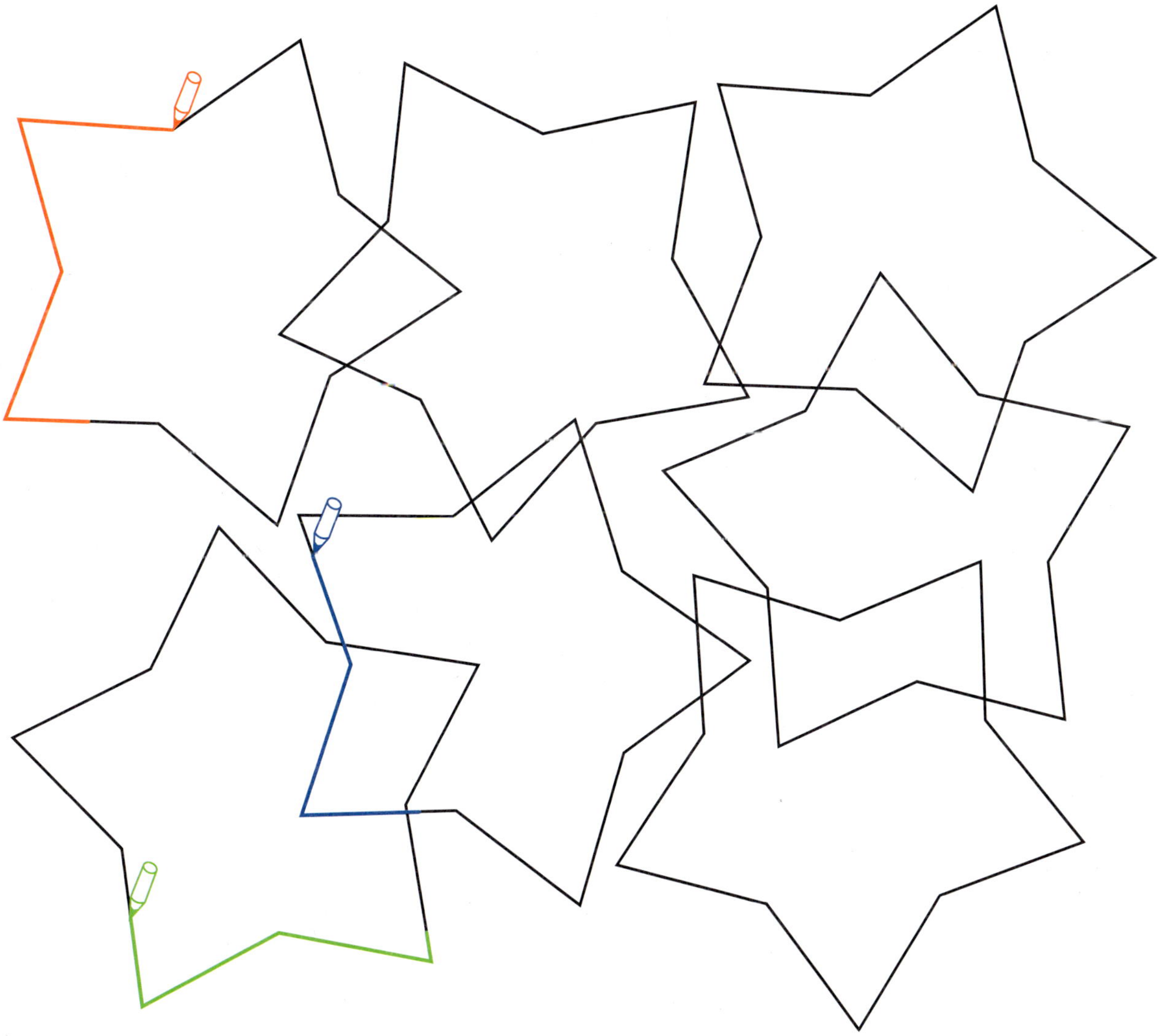

1 Tiere in verschiedenen Farben nachspuren.
2 Sterne in verschiedenen Farben nachspuren.

Orientierung im Raum

1

2

3

4

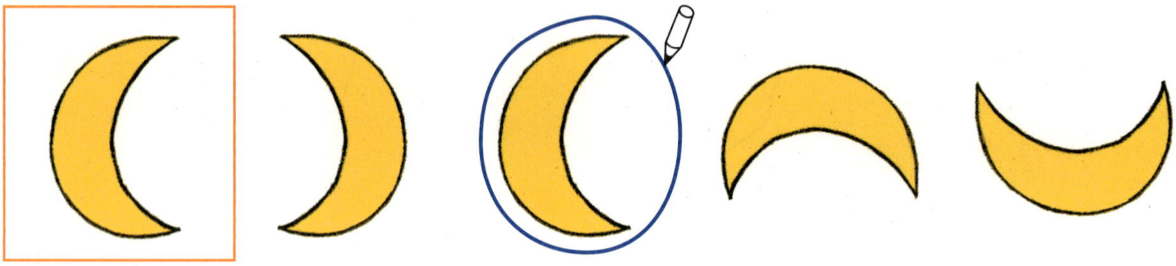

5

6

1–3 Situationen mit Partner nachstellen.
4–6 Vorgegebenen Gegenstand wiederfinden und einkreisen.

Räumliche Beziehungen

1

2

3

4

1–2 Vorgegebenes Bild suchen und einkreisen.
3 Bild und Spiegelbild verbinden.
4 Schornstein mit entsprechendem Haus verbinden.

Muster erkennen und ergänzen

1

2

3

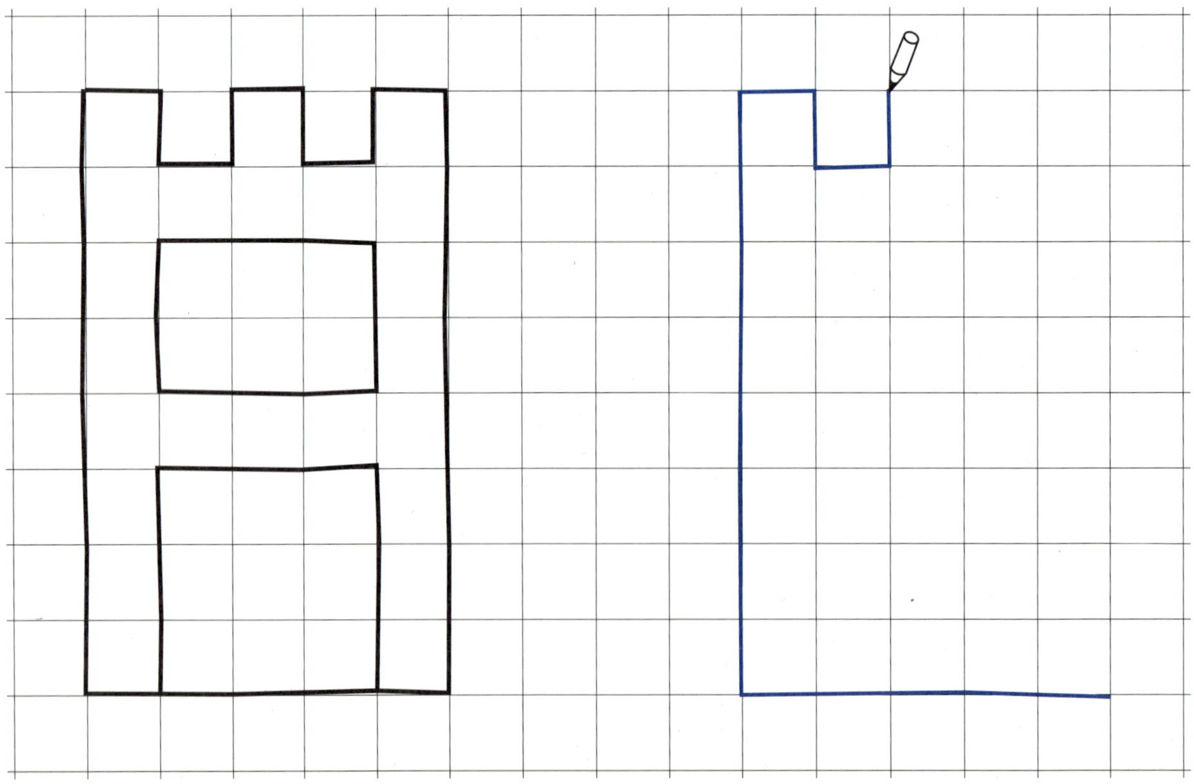

1 Gleiche Vögel verbinden.
2 Drachen vervollständigen.
3 Turm nach Vorlage abzeichnen.

Muster erkennen und zuordnen

1

2

1 Luftballons mit passenden Mustern verbinden.
2 Bilder mit passenden Ausschnitten verbinden.

Reihenfolgen fortsetzen

1

2

3

4

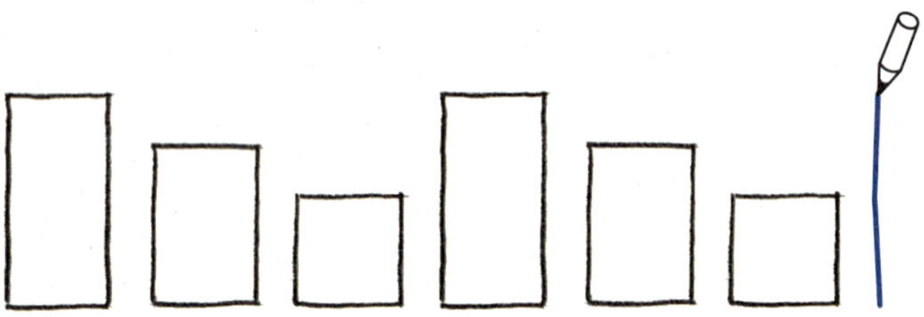

5

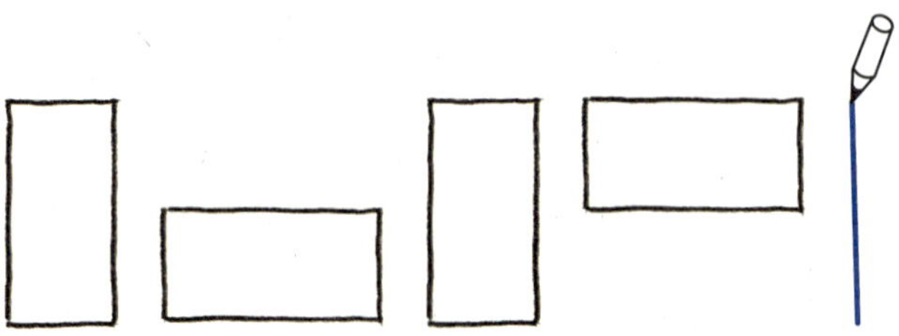

6

1 Ein Kind legt eine Abfolge von Gegenständen, ein anderes setzt sie fort.
2–6 Muster fortsetzen.

Reihenfolgen fortsetzen

1

2

3

4

1–4 Fahrzeugreihen nach Vorgabe vervollständigen.

Schau genau

1

1 10 Unterschiede zwischen beiden Bildern finden und einkreisen.

1

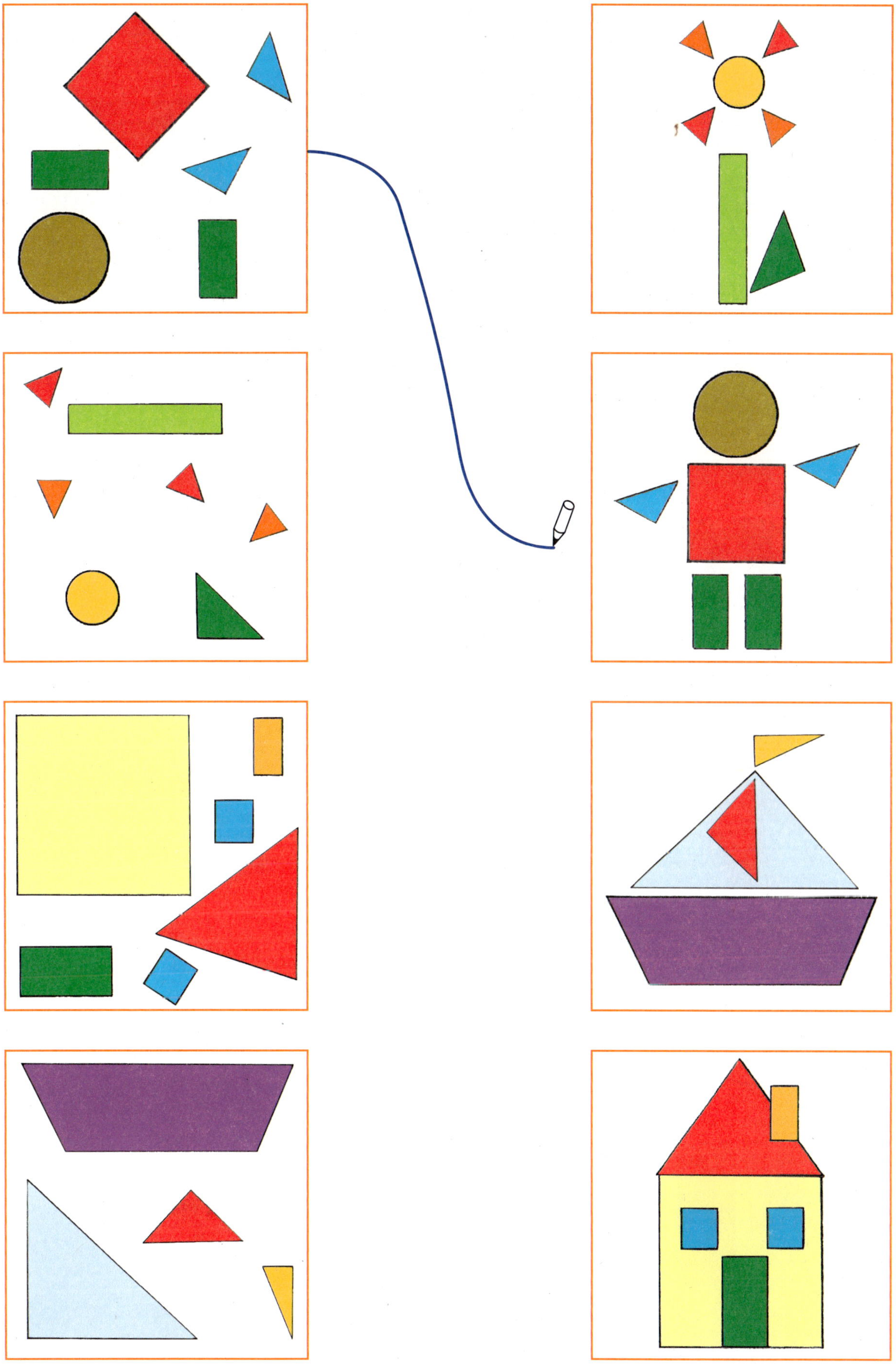

1 Passende Bilder verbinden.

Nach Merkmalen ordnen

1

2

3

1 Bauklötze nach eigenen Kriterien sortieren (z. B. Form oder Farbe).
2 Kreise einkreisen.
3 Blaue Dreiecke einkreisen.

1

2

1 Luftballons entsprechend ihrer Form in der vorgegebenen Farbe anmalen.
2 Felder entsprechend dem Symbol anmalen: 3 Vögel werden sichtbar.

Was passt hier nicht?

1

2

3

4

5

1–5 Gegenstand, der nicht zu den anderen in der Zeile passt, durchstreichen.

1

1 20 Gegenstände, die falsch einsortiert sind, finden und durchstreichen.

Das Größte

1

2

3

4

5

1 Ein Kind hält zwei Gegenstände einer Sorte hoch, das andere bestimmt den größeren Gegenstand.
2–5 Das größte Objekt einkreisen.

Das Kleinste

1

2

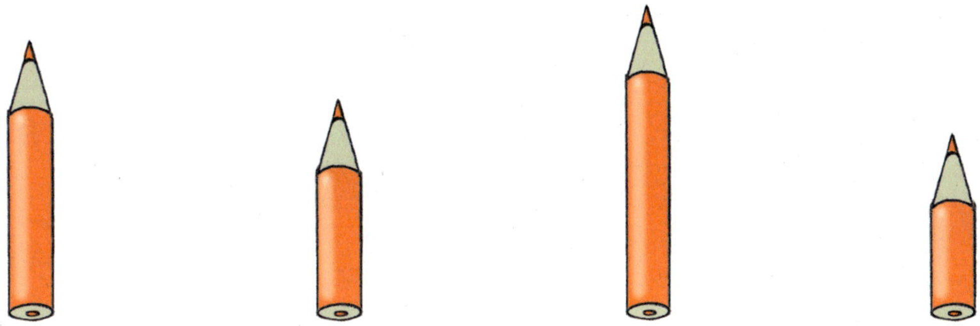

3

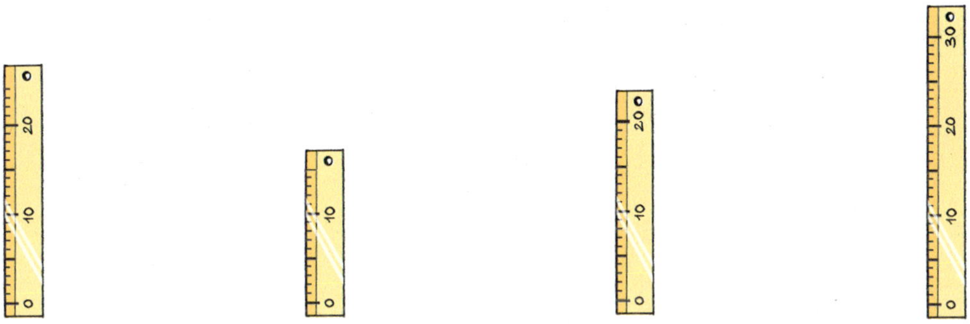

4

5

1–5 Das kleinste Objekt einkreisen.

Was kann man alles zählen?

1

1 Gleiche Objekte einkreisen und für jedes ein Strich in das entsprechende Kästchen eintragen.

1

2

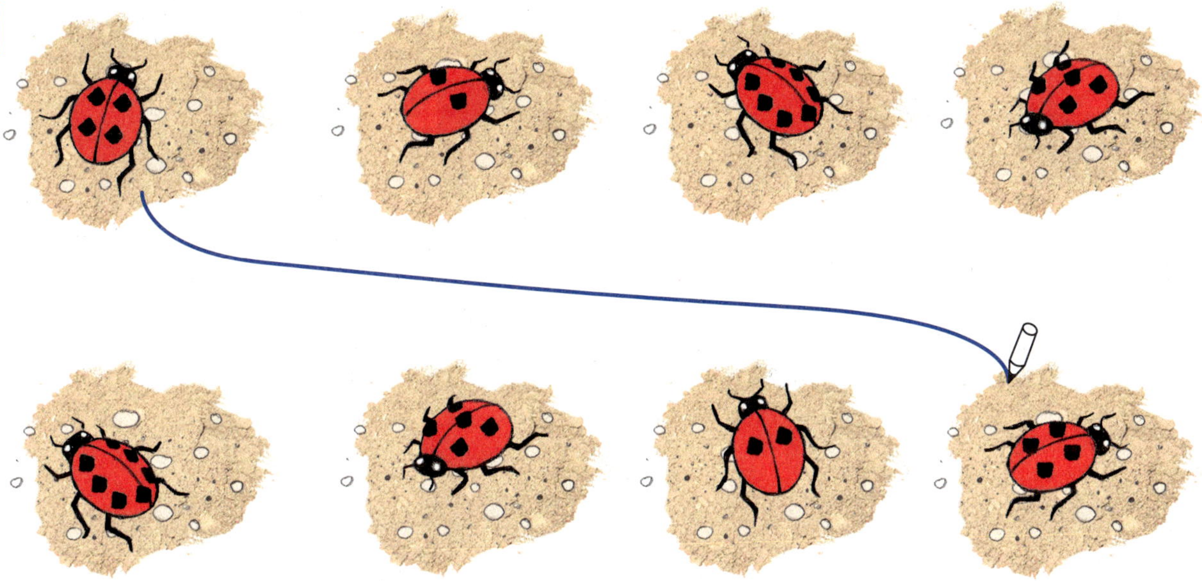

3

1 Ein Kind zeigt Zahlenkarte, ein anderes holt eine entsprechende Anzahl von Gegenständen.
2 Marienkäfer mit derselben Anzahl von Punkten verbinden.
3 Weiden mit denselben Tieren in entsprechender Anzahl verbinden.

1

1 Zahlen suchen und einkreisen.

1

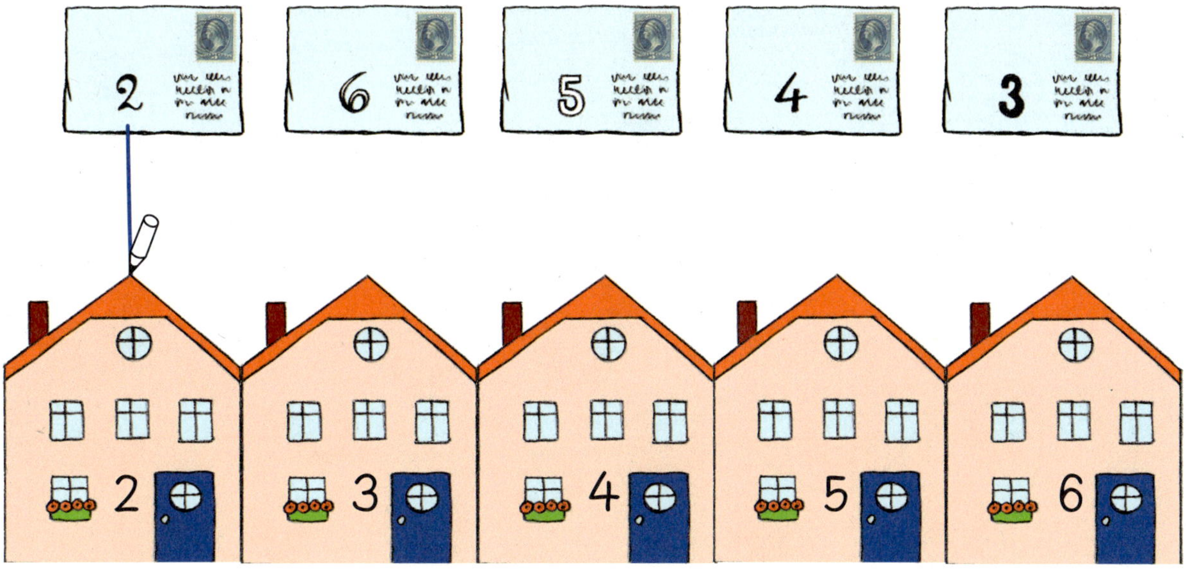

2

3

1 Briefe entsprechend der Zahlen den Häusern zuordnen.
2 Busse mit entsprechenden Haltestellen verbinden.
3 Bilder nach Preisen den entsprechenden Münzen zuordnen.

1

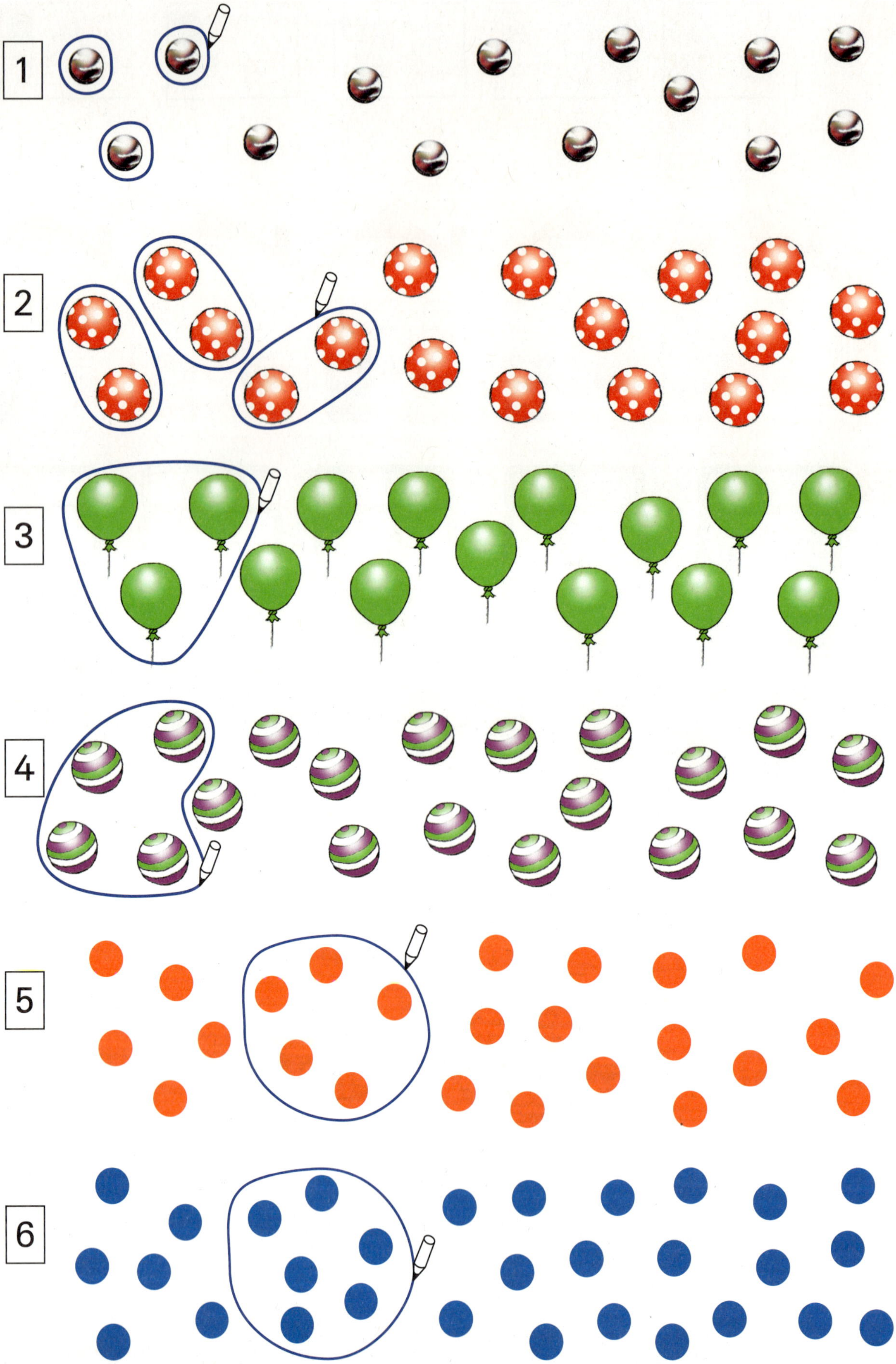

1 Gegenstände nach vorgegebener Anzahl zusammenfassen.

1

2

4

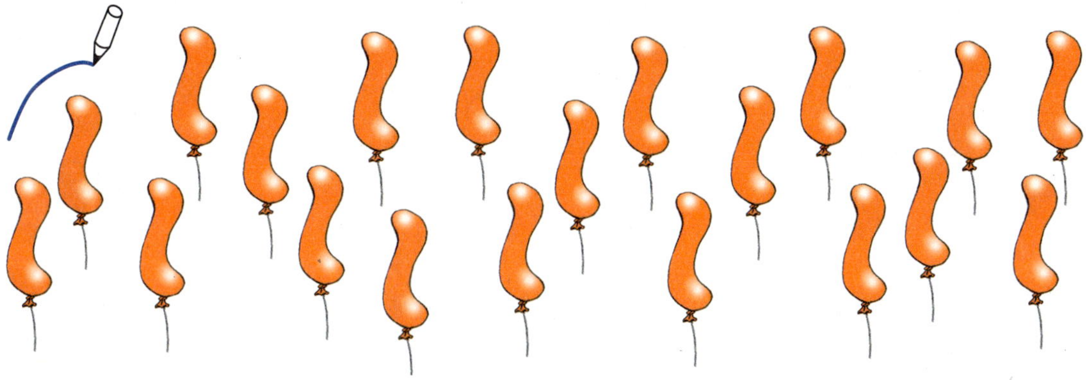

6

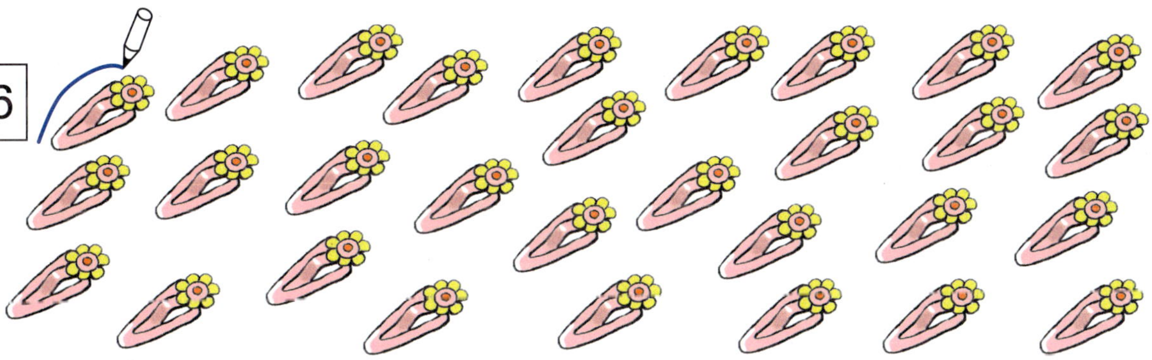

5

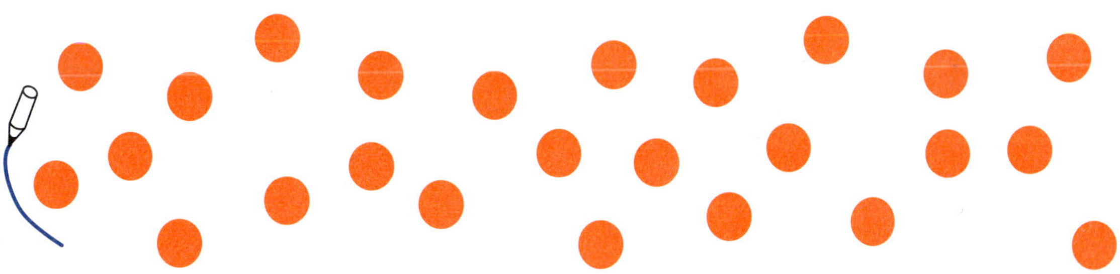

3

1 Ein Kind würfelt, das andere zeigt die entsprechende Zahlenkarte.
2 Gegenstände nach vorgegebener Anzahl zusammenfassen.

Zerlegen

1

2

1–2 Luftballonverkäufer mit Kinderpaar verbinden, das dieselbe Anzahl von Luftballons hält.

1

2

3

4

1–4 Luftballons ergänzen. Die Kinder müssen ebenso viele Luftballons halten, wie der Luftballonverkäufer.

Wie viele waren es?

1

2

3

4

1–4 Luftballons ergänzen. Der Luftballonverkäufer muss ebenso viele Luftballons halten wie die Kinder.

1

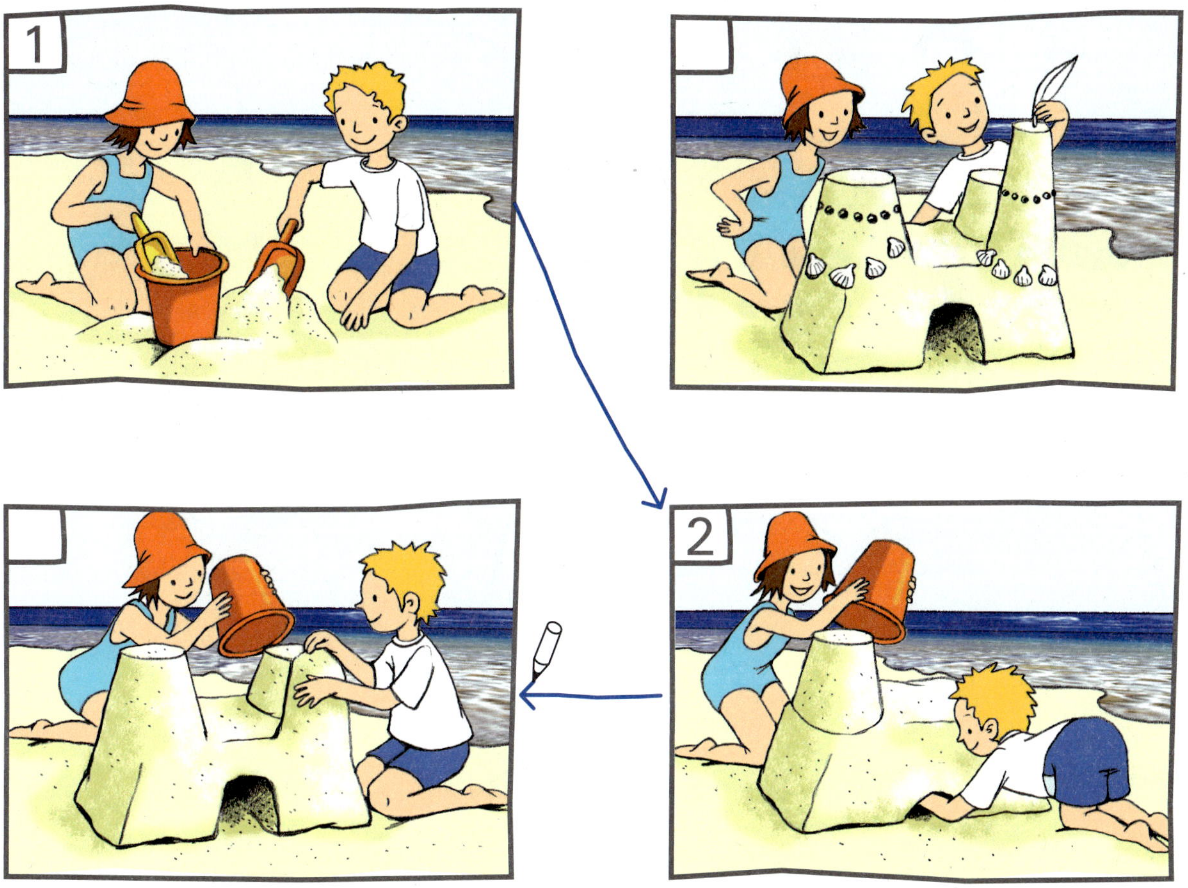

2

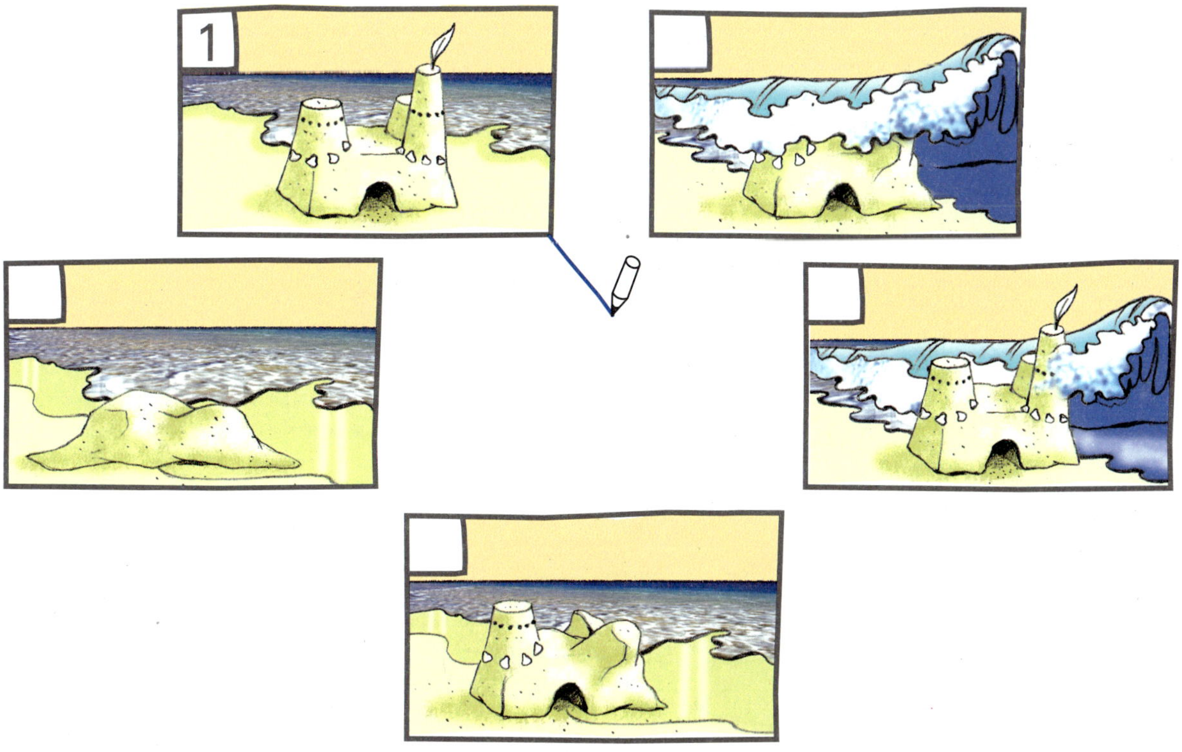

1–2 Bilder in der richtigen Handlungsreihenfolge verbinden.

Spiel 1: Autorennen

Zwei Kinder werfen abwechselnd 10 Wendeplättchen. Der Spieler des roten Rennautos darf so viele Felder vorrücken, wie rote Wendeplättchen auf dem Tisch liegen. Entsprechendes gilt für den Spieler des blauen Rennautos. Bei jedem Spielzug bewegen sich also beide Autos (Ausnahme: alle Plättchen zeigen die gleiche Farbe). Wer zuerst ins Ziel kommt, hat gewonnen. (Variante: Nur das Auto des werfenden Spielers darf vorgerückt werden.)

Spiel 2: Schlangenspiel

3 Felder vor

2 Felder zurück

Zwei bis vier Spieler würfeln mit einem Würfel. Gelangt ein Spieler auf ein entsprechendes Feld, muss er entweder drei Felder vor- oder zwei zurückrücken. Wer zuerst den Schwanz der Schlange erreicht hat, hat gewonnen.

Spiel 3: Bring her!

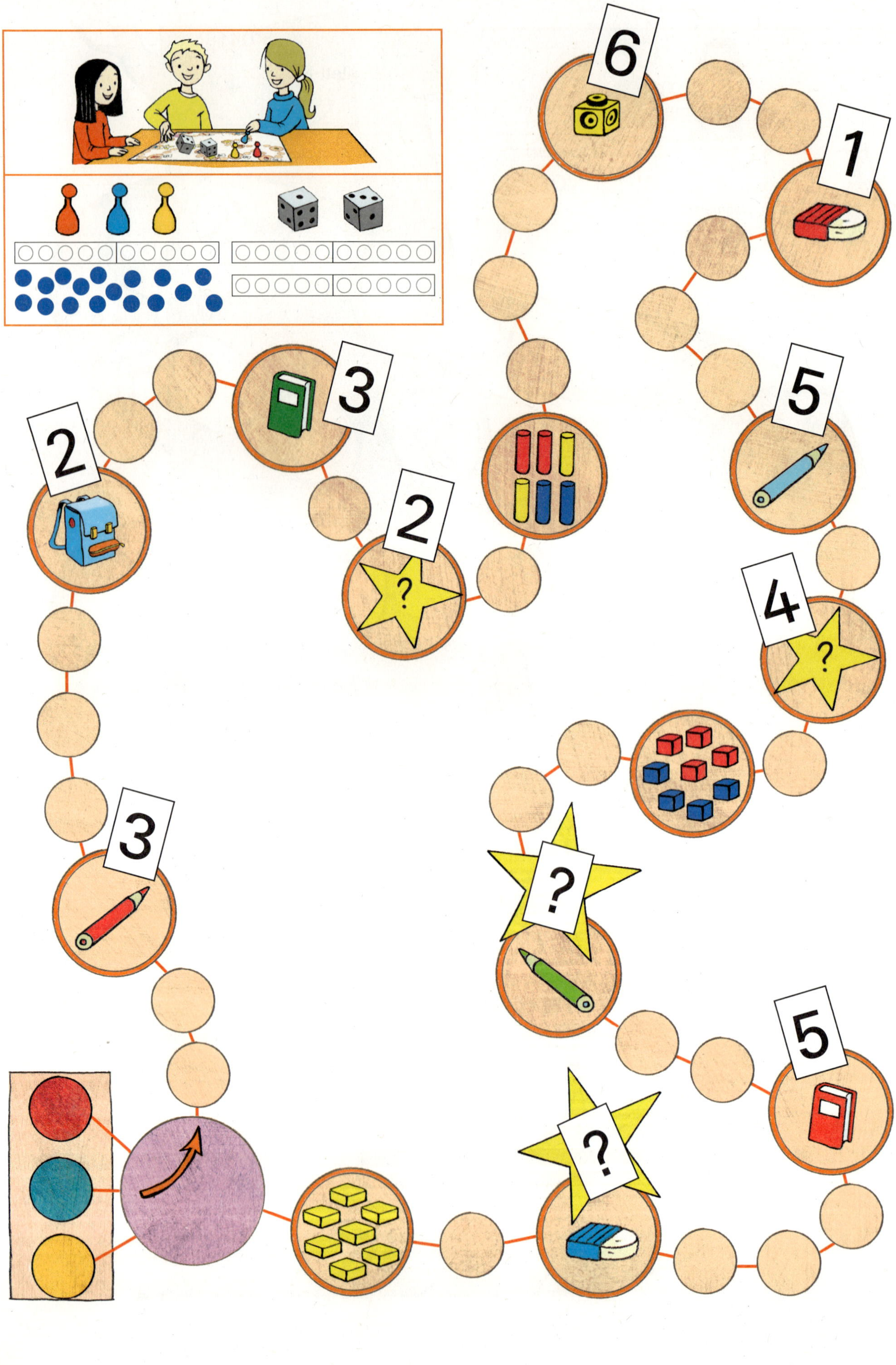

2–3 Spieler erhalten je einen Zehnerstreifen. Sie würfeln reihum mit zwei Würfeln und rücken dementsprechend vor (mehrere Runden sind möglich). Wer auf ein markiertes Feld kommt, muss die angezeigten Gegenstände in der vorgeschriebenen Anzahl herbringen. Ist das geschafft, dürfen sie ein Wendeplättchen auf ihren Zehnerstreifen legen. Sterne mit Fragezeichen sind Joker: Der Spieler darf selbst die Gegenstände bzw. die Anzahl bestimmen. Wer seinen Zehnerstreifen zuerst gefüllt hat, hat gewonnen.